Osnabrücker Universitätsreden

Gedruckt mit Unterstützung der
Universitätsgesellschaft Osnabrück e.V.

Osnabrücker Universitätsreden

Band 6

Der Präsident
der Universität Osnabrück
(Herausgeber)

Dieter Simon

Kohlrauschs Hand

Hinweise zum Wesen von Verstrickung

Universitätsverlag Osnabrück
V&R unipress

Kohlrauschs Hand. Hinweise zum Wesen von Verstrickung

Der folgende Text möchte eine Parabel sein, eine Parabel über das Wesen der Verstrickung.

Was ist eine Parabel?

Wir konsultieren das dickleibige Wörterbuch des Sachsen Gerhard Wahrig, welches sich selbst als das universelle Standardwerk zur deutschen Gegenwartssprache vorstellt. Eine Parabel, so lesen wir, ist »eine lehrhafte *Erzählung*, die eine allgemeine *sittliche Wahrheit* an einem Beispiel veranschaulicht«. Das passt.

Meine »Wahrheit« ist selbstverständlich sittlich und naturgemäß auch wahr, sonst wäre sie keine Wahrheit.

Bei der »Erzählung« geht es weniger streng zu. Das Lehrhafte ist nicht auf das Wahrhafte angewiesen.

Die Erzählung kann also anheben wie es der Brauch ist bei den Historikern, die ihre *Fakten* haben und sich die *Deutung* derselben zur Aufgabe machen.

Die Fakten: sie sind, wie uns das lateinische Wort facere lehrt, das »Gemachte«. Die Ausdrücke »Geschehen« oder »Ereignis« klingen zweifellos besser. Aber sie verhüllen arglistig die Tätigkeit des Geschichtenschreibers, der doch am »Machen« beteiligt ist, indem er aus dem, was andere gemacht haben, auswählt, seine Auswahl so ordnet, wie er es im Hinblick auf seine Geschichte für zweckmäßig und dienlich hält, seine Erklärungen anfügt und schließlich das Ganze dem Hörer oder Leser erzählt.

Daß er dabei schon ein bißchen deutet, nimmt ihm keiner übel. Schließlich geht es, wie allgemein bekannt, nicht anders und die Moral der Geschichte kommt ohnehin erst am Schluss und im Nachhinein.

Die Deutung: das ist die Eigenleistung des Erzählers. Das, was er in und hinter den stummen Fakten erlauscht. Die Gefühle, die er erspürt. Die Ursachen und Zusammenhänge, die er erahnt. Und weil dies Erlauschen, Erspüren, Erahnen immer und nur das höchst eigene Erlauschen, Erspüren, Erahnen des Historikers selbst ist, endet die Erzählkette der Historiker nie und die Geschichte bleibt ewig jung, weil sie immer anders ist und aus jedem Munde neu.

Vor diesem Hintergrund entfaltet sich die Parabel von Kohlrauschs Hand in sieben Akten; nach den Quellen und deren Fakten, nach der Erinnerung, der Vermutung und mittels der Einbildungskraft. Angefügt werden noch ein Protokoll und ein Epilog.

In fünf Akten ist die Hand leibhaftig anwesend, in einem ist sie vergessen, in einem anderen begleitet sie uns virtuell. Erst im Protokoll wird sie ihrem Eigner wieder zugesellt, sei er im Himmel oder in der Hölle – vielleicht auch im Fegefeuer, denn für die Orte des Verweilens christlicher Seelen gilt, was sich sonst eher selten findet: *tertium datur.*

I. Akt: Einige Fakten

21. Mai 1935. Das Wetter ist für die Jahreszeit zu kühl. Aber das Deutsche Land befindet sich in Erregung. In 34 Städten finden Demonstrationen statt. Sie richten sich gegen ein Urteil, das, wie es scheinen könnte, von einem in weiter Ferne liegenden Gericht gefällt wurde. Aber für das ständig sich ausdehnende Reich ist der nach allen

Seiten über die Grenzen gerichtete Blick nichts Ungewöhnliches mehr. Der Versailler Vertrag, die Schande, das Diktat soll revidiert, verlorenes Gebiet zurückgewonnen, notfalls zurückerobert werden.

Das gilt auch für das Memelland, wo sich die Verhältnisse inzwischen zugespitzt haben. Die Litauer haben die Franzosen verjagt, die das von Preußen abgetrennte Gebiet im Auftrag der Alliierten eher missvergnügt verwalteten. Der Völkerbund segnete die Okkupation zwar nicht ab, sondern erhandelte für das Gebiet einen Autonomiestatus unter der Souveränität Litauens. Aber von der Autonomie ist nach Ansicht der deutschen Bevölkerung nicht viel zu spüren. Die Litauer scheinen bestrebt, das Memelland endgültig einzugliedern. Auch die Deutschen geben letztlich nicht viel auf die Autonomie. Sie wollen lieber heim in das Reich, das so prächtig aufzublühen scheint.

Nationalsozialistische Parteien wurden im Memelland gegründet. Mit Namen die anders klangen, nämlich *Christlich-Soziale Arbeitsgemeinschaft und Sozialistische Volksgemeinschaft*, aber mit Zielen, die sich von denen der Nazis im Reich kaum unterschieden. Der litauischen Regierung hat das verständlicherweise nicht gefallen. Im Februar 1934 erließ sie ein Staatsschutzgesetz, das sie ermächtigte, potentielle Aufrührer zu verhaften und vor Gericht zu stellen. Womit sie auch sogleich begann und nach und nach 126, ihr verdächtig erscheinende, Deutschmemelländer einsammelte.

Im Dezember 1934 begann vor dem Obersten Kriegsgericht in Kaunas, dem späteren Kowno, der Prozess. Geländespiele wurden nachgewiesen, Waffenbesitz ebenfalls, und zwei so genannte Racheakte – wofür auch immer – an Litauern. Nichts, was den Vorwurf des bewaffneten Aufstandes gerechtfertigt hätte. Aber als am 26. März 1935 das Urteil erging, stöhnten die Patrioten im Reich: Viermal Tod durch Erschießen, neunundachtzigmal Zuchthaus von verschiedener Dauer. Ein bösartiges politisches Urteil, wogegen zu protestieren für nationale Pflicht gehalten wurde.

So dachte auch die juristische Fakultät der Berliner Universität. Sie hatte schließlich einen Ruf als nicht nur größte, sondern auch als beste Rechtsfakultät des Reiches zu verteidigen. Der Dekan, Wenzel Graf von Gleispach, lud gleich nach Semesterbeginn zum ersten möglichen Termin ein.

Das war der 21. Mai 1935, der Tag, der in den Fakten erscheint, ohne dort mehr zu sein als ein Datum.

Die Protest- und Gedenkstunde findet in der Aula statt. Graf Gleispach, fest verankert im Nationalsozialismus und ausgewiesen als alter Kämpfer, den seine Überzeugung unlängst aus Wien vertrieben hat, hält eine leidenschaftliche Rede.

Im Memelland ist »die Aufrechterhaltung des Deutschtums« als staatsfeindliche Haltung interpretiert worden, ein empörender Akt des Unrechts und eine Gesinnung, die Führer, Partei und Reich auf das schärfste verurteilen.

Der Redner donnert das nationale Pathos, das Leid der Deutschen und ihre Bereitschaft zur Gegenwehr über die mannhaft gereckten Köpfe von Professoren und Studenten und erzeugt eine Spannung, die sich erst im tosenden Beifall wieder löst.

Dann erklingt, dem Brauch der Zeit gemäß, das Deutschlandlied, feierlich und schwer, ein wenig melancholisch fast beim letzten »über alles in der Welt«. Weshalb die amtliche Choreographie inzwischen angeordnet hat, daß ohne Pause, unmittelbar mit dem letzten Ton der Nationalhymne einsetzend, das kämpferisch aufrüttelnde Horst-Wessel-Lied zu spielen sei. Was auch geschieht.

Stramm stehen die Studenten, die linke Hand an der Hosennaht, die Rechte emporgereckt zum Gruß an den Führer. Stramm stehen der Redner und die Professoren. Alle stehen stramm – bis auf einen.

Dieser eine ist nicht mehr jung, das Haar noch blond, aber schon mit einem Zug ins Graue, eine schlanke große Gestalt, die sportlich lässig sich erhoben hat und den rechten Arm in steilem Winkel zum Hitlergruß erhoben hält. So weit ist alles vorbildlich, korrekt und national. Aber die Linke? Die linke Hand steckt in der linken Hosentasche des Professors.

Er heißt Eduard Kohlrausch, lehrt seit 1919 Strafrecht an der Berliner Universität und hat, anerkannt und schon geehrt, in diesem Jahr seinen 61. Geburtstag gefeiert.

Niemand weiß, wie er sang an diesem 21. Mai 1935 – ob laut oder leise oder überhaupt nicht, weil er vielleicht nur stumm die Lippen bewegte, wie heute unsere Fußballer, wenn die Nationalhymne erklingt, die jetzt zwar auf das »Über alles in der Welt« verzichtet, aber Deutschkenntnisse voraussetzt, die man einem Nationalspieler nicht ohne weiteres unterstellen darf.

Wie und ob Kohlrausch sang, wissen die Fakten also nicht. Aber daß er die linke Hand in der Tasche hatte – das ist Fakt.

II. Akt: Der Assistent

23. Mai 1935. Ein Platz vor der Berliner Universität. Drei Studenten in lebhaftem Gespräch. Gelächter.

An der Berliner Rechtsfakultät lehrte seinerzeit neben Kohlrausch auch der bekannte Professor des Staatsrechts Carl Schmitt. Er hatte der nationalen Gedenkstunde nicht beigewohnt, was aber nicht als stiller Protest verstanden werden konnte. Denn im Gegensatz zu Kohlrausch, der niemals in der NSDAP war und sich zeitlebens in unbestimmter Weise als »liberal« bezeichnete, war Schmitt ein engagierter und brutaler Anhänger von Adolf Hitler. Er war, ebenfalls anders als Kohlrausch, von dem heute allenfalls enge Fachkollegen reden, ein sprachmächtiger und abgründiger Denker, der auch gegenwärtig noch seine Adepten und seine Gegner hat und sie in widersprüchlichste schöpferische Erregung versetzt. Kohlrausch dagegen hat weder intellektuell noch sprachlich je die engen Grenzen des deutschen Strafrechts und der Kriminalpolitik überschritten.

Jener Schmitt hat einen Schüler und Assistenten namens Herbert Gutjahr, der, wie es damals noch üblich war, dem Lehrer und Meister jedenfalls geistig stets auf dem Fuße folgt.

Gutjahr, Jahrgang 1911, ist seit 1931 Mitglied der NSDAP und seit 1932Studentenschaftsführer an der Berliner Universität. 1933 profilierte sich der 22jährige als Organisator und Redner bei der weltbekannten Berliner Bücherverbrennung auf dem Opernplatz vor der Universität. Auch bei der Plünderung und Verwüstung des Hirschfeld-Instituts zeichnete er sich durch das Zerschmettern einer nackten Reklamefigur für ein Nervenstärkungsmittel aus. Ein Idealist also, wie man heutzutage bei Piet Tommissen nachlesen kann, dem unermüdlichen Bibliographen des Carl Schmitt und Herausgeber von allerlei »Schmittiana«.

Dieser Gutjahr steht jetzt mit zwei Kameraden vor der Universität. Er ist, um es zurückhaltend zu formulieren, kein Anhänger von Professor Kohlrausch. Denn Kohlrausch, der von Juli 1932 bis Mai 1933 als Rektor der Berliner Universität amtierte, war ihm bei nationalsozialistischen Aktionen an der Universität mehrfach unangenehm in die Quere gekommen. So hatte er – wenn auch vergeblich – versucht, die Plakatierung der »12 Thesen wider den undeutschen Geist« zu unterbinden, er hatte die Anbringung eines Schandpfahls boykottiert, an den undeutsche Produkte genagelt werden sollten und hatte zugunsten von jüdischen, an der Durchführung ihrer Vorlesungen gehinderten Professoren interveniert.

Gutjahr hatte im April das Referendarexamen bestanden. Er würde nur noch kurze Zeit der Universität verbunden bleiben, denn er war dabei, zum Reichserziehungsminister Rust zu wechseln, wo er als SS-Hauptscharführer und V-Mann im Sicherheitsdienst Reinhard Höhns der deutschen Erziehung dienen würde.

Und gerade jetzt ergab sich die schöne Gelegenheit, mit dem verhassten Kohlrausch abzurechnen.

Am vorgestrigen 21. Mai hatte zwar auch Gutjahr, wie sein Chef Schmitt, die Gedenkstunde anlässlich des Schandurteils von Kowno versäumt. Denn er mußte – als Rechtsreferendar – einen Termin am Amtsgericht Weißensee wahrnehmen.

Aber zwei seiner Paladine, sein Stellvertreter Erich Schimpf aus Recklinghausen und der SS-Untersturmführer Lothar Ristau aus Berlin nahmen teil und erstatten jetzt ausführlich Bericht. Sie erzählen, daß der Reaktionär

Kohlrausch doch tatsächlich während der Nationalhymnen die linke Hand in die linke Hosentasche gesteckt habe.

Gutjahr ist von seinen eifrigen Mitstreitern entzückt. Er will auf der Stelle zuschlagen. Noch am selben Tag würde er einen Brief verfassen, den er dem Dekan, dem Rektor und – da er die Neigung der Professoren, sich untereinander keine Schwierigkeiten zu bereiten, zur Genüge kannte – sicherheitshalber auch dem Reichserziehungsminister Bernhard Rust zuleiten würde.

III. Akt: Der 27. Mai

Der 27. Mai 1935 war ein besonderer Tag in der Geschichte von Kohlrauschs Hand. An diesem Tag gingen die drei Schreiben von Herbert Gutjahr bei den vorgesehenen drei Empfängern ein – ein Zusammentreffen, das ganz entgegen dem ersten Anschein nichts Geheimnisvolles an sich hat, sondern einfach dem Umstand geschuldet ist, daß die normale Versendung dienstlicher Schreiben an einem Donnerstag in Deutschland unausweichlich zur Vorlage am Montag führt – und der 27. Mai war ein Montag.

1. Szene: Dienstzimmer des Dekans der juristischen Fakultät

Der Dekan, Wenzel Graf von Gleispach erschrak, als er den Text las. Er kannte Kohlrausch, und er mochte ihn. Zwar war Kohlrausch nicht in der Partei, aber darauf kam es letzten Endes nicht an. An der vaterländischen Gesinnung des Kollegen war jedenfalls nicht zu zweifeln.

Wer 1912 in Straßburg als ordentlicher Professor gelehrt hatte und 1918, als die Gelehrten von den Franzosen über die Rheinbrücke heim ins Reich getrieben wurden, nur zufällig der schändlichen Ausweisung entgangen war, der dachte patriotisch. Wie jeder wusste, beteiligte sich Kohlrausch mit Feuereifer an der Arbeit zur großen Strafrechtsreform der Reichsregierung und legte auch der Judenfrage das gebührende Gewicht bei.

Gleispach konnte beim besten Willen nichts entdekken, was den Verdacht auf irgendeine Form von Gegnerschaft hätte wecken können. Daß Kohlrausch nicht zu den vielen gehörte, die Hals über Kopf in die Partei eingetreten waren, war eher sympathisch und erklärte sich einfach damit, daß er dies nicht nötig hatte. Seine Karriere war gemacht und ließ sich für einen Professor nicht mehr steigern. Und daß dieser Professor ein loyaler Untertan der Regierung Adolf Hitlers war, das bewies er durch seine tägliche Arbeit.

Jetzt aber mußte Gleispach im Brief des Studentenführers lesen, Professor Kohlrausch habe, das Deutschlandlied singend, seine Hand *ostentativ* in die Tasche gesteckt, was zahlreiche Studenten, die ihm *von sich aus* Mitteilung gemacht hätten, bezeugen könnten. Sie hätten das Benehmen des bedeutenden Professors »teils als böswillige Missachtung der von jedem Deutschen zu erwartenden Anstandspflichten« empfunden, »teils als innere Disziplinlosigkeit«.

Unangenehm, murmelte von Gleispach. Ausgerechnet Disziplin und Anstand! Zwei besonders hochgehaltene Schlüsselwörter unserer Bewegung. Ein starker Hieb, den dieser Gutjahr hier geführt hatte. Dabei hieß es doch, dieser Sohn des Leiters des Obdachlosenheims

»Palme« in Berlin-Nord, sei fest im evangelischen Glauben verwurzelt.

Da half wirklich nichts. Gleispach mußte den Kollegen Kohlrausch befragen. Denn mit dem lautstarken Führer der Studentenschaft war nicht zu spaßen. Der Dekan seufzte – und gab Auftrag, Kohlrausch ins Dekanat zu bitten.

Daß jener Führer am Effekt seiner Denunziation nicht mehr sonderlich interessiert war und seine mögliche Juristenkarriere im Sicherheitsdienst versickern lassen würde, konnte Gleispach nicht ahnen. Auch nicht, daß er Gutjahr alsbald aus den Augen verlieren würde, so wie auch später wirkende Historiker vergeblich nach dessen Spuren gesucht haben.

Anmerkung des Erzählers:
Wir wissen nicht, ob Gutjahrs fester evangelischer Glaube noch etwas bewirkt hat. Anders als sein Lehrer Carl Schmitt, der 1985 das Zeitliche segnete, und anders als sein nur sieben Jahre älterer »Führungsoffizier« Reinhard Höhn, der 96jährig im Jahre 2000 starb, zog der Assistent Herbert Gutjahr nicht nur mit Mund und Tinte in den Krieg – und fiel 1941 mit 30 Jahren an der Ostfront für seinen Führer und dessen Reich.

2. Szene: Dienstzimmer des Rektors der Universität

Rektor Wilhelm Krüger lachte, als er den Brief von Gutjahr las. Krüger war ein treuer und achtsamer Nationalsozialist. Zwar sagte er nicht mehr so häufig wie vor der unangenehmen Sache mit Röhm, daß er in der deutschen Universitätsgeschichte der erste Rektor im Braunhemd gewesen sei, aber an seiner Verbundenheit mit dem Führer duldete er keinen Zweifel. Der Brief von Gutjahr gefiel ihm. Eine Denunziation – gewiß. Aber »Denunziation« war schließlich nur ein negatives Wort für »Meldung«. Und diese Meldung signalisierte ihm die Wachsamkeit der jungen Generation und deren Bereitschaft, sich für die Werte des Nationalsozialismus zu engagieren.

Ein wenig lästig fand er den Brief allerdings doch. Er bedeutete Arbeit. Und die schätzte Wilhelm Krüger nicht. Immerhin war das Schreiben in Kopie auch an den Dekan und den Minister gegangen. Wenn die sich in den nächsten Tagen nicht rühren würden, konnte er immer noch überlegen, ob etwas und was zu tun sei. Erleichtert legte er den Brief auf den Papierstapel mit dem kleinen Schildchen *Agenda*.

3. Szene: Berlin, Wilhelmstr. 68

Im Reichs- und Preußischen Ministerium für Wissenschaft, Erziehung und Volksbildung, Berlin, Wilhelmstr. 68, legte am 27. Mai eine Sekretärin das Schreiben des Studentenschaftsführers an den Minister zur Bearbeitung in die Postmappe des zuständigen Ministerialrats Kasper.

Kasper, bereits im Kaiserreich und in der Republik im öffentlichen Dienst, blickte angewidert auf das Schriftstück.

Er hasste Denunziationen. Ganz besonders aber derart läppische. Bezeichnend für diese marklose Studentenschaft. Junge Männer, die wie Dreijährige die Hand hoben und anzeigten, daß ihr Nachbar in die Hose gemacht hatte. Statt den schlappen Professor umstandslos zur Rede zu stellen, auf seine Motive zu befragen und zu ermahnen – eine Anzeige beim Rektor mit Durchschlag an Dekan und Minister. Der Blockwartsgeist breitet sich aus, dachte Kasper. Unbegreiflich, wie je aus solcher Untertanenmasse die Herrenrasse hervorgehen sollte.

War das überhaupt eine Angelegenheit, die Rust vorzutragen war? Die Hand *ostentativ* in die Hosentasche gesteckt! Was hieß schon »ostentativ«? Vielleicht wollte sich der Herr Professor am Bauch oder sonst wo kratzen? Wie alt war der eigentlich? 61! Na, dann vielleicht eher am Bauch. Kasper griente.

Sein Minister war kein großes Kirchenlicht. Alter Kämpfer zwar, langnasig, großohrig, aber schwaches Kinn. Schwafelte viel. Typus: humanistischer Studienrat mit politischen Ambitionen.

Allerdings war er mit Kohlrausch gut bekannt. Der war zwar alles andere als ein alter Kämpfer. Nicht einmal Parteigenosse. Aber anständig und diszipliniert angepasst. Ein furchtloser Untertan und hervorragender Fachmann. Bot sich unermüdlich zur Mitarbeit an.

Wenn dieser nützliche Idiot allerdings anfing Schwierigkeiten zu machen, mußte der Minister informiert sein. Dessen seltsamer Wahlspruch *Stelle das Bewußtsein Deines deutschen Volkes über Alles!* mahnte zur Behutsamkeit. Außerdem stammte die Anzeige von Herbert Gutjahr, der bekanntlich dem Sicherheitsdienst der Abteilung Höhn als Kundschafter gefällig war. Man mußte sich vorsehen.

Kaper seufzte. Daß der Aufbau des 3. Reiches ihm derlei zumuten würde, hatte er nicht erwartet. Er sollte dem Minister vielleicht zunächst mündlich berichten.

Allerdings, so machte er selbstzweifelnd gegen sich geltend, würde die Sache dadurch ein größeres Gewicht erhalten als ihr gebührte. Rasch entwarf er einen Ministerbrief an den Rektor Krüger. Für den Fall, daß Rust sich überhaupt für die Affäre erwärmen würde.

Er ersuche den Rektor, so formulierte Kasper mit lila Kopierstift die künftigen Worte seines Ministers, *um einen baldigen Bericht über das Veranlasste.* Und damit Krüger auch erfuhr, was er veranlassen könne, setzte er hinzu: *Eventuell ersuche ich, eine verantwortliche Äußerung des Professor Kohlrausch vor dem Universitätsrat, gegebenenfalls unter Zuziehung von Zeugen herbeizuführen.*

IV. Akt: Ein dynamischer Referent

Dienstzimmer von Ministerialrat Kasper, Wilhelmstraße 68. Auf dem Stuhl Kaspers, der sich im Urlaub befindet, sitzt der ihn vertretende Referent Heinrich. Heinrich ist jung, forsch und auf Karriere gestimmt.

Er hat Geschichte studiert, sich für die SS beworben, glaubt an die Wahrheit und an die Mission des deutschen Volkes. Als ihm der Vorgang Kohlrausch auf den Tisch gelegt wird, sieht er, daß Rektor Krüger drei Wochen Zeit gelassen worden war, um etwas zu veranlassen.

Veranlaßt war jedoch fast nichts. Lediglich ein kurzes Anschreiben des Rektors und eine lakonische Erklärung des Professors Kohlrausch lagen vor.

Kohlrausch hatte seine Erklärung noch an jenem fatalen 27. Mai verfaßt. Er war ergrimmt und irritiert gewesen, als der Dekan ihm eröffnete, daß vom Führer der Studentenschaft eine Anzeige gegen ihn eingegangen war. Eine lächerliche Anzeige wegen Verstoßes gegen die Disziplin und den Anstand beim Singen des Deutschlandliedes. Zweifellos ein Racheakt jener Studenten, die er Radau-Nationalsozialisten nannte. Mit denen war er schon öfter aneinandergeraten, und nicht zuletzt ihretwegen war er 1933 von seinem Amt als Rektor zurückgetreten. Mit ihrer Maßlosigkeit schadeten sie der guten Sache mehr als sie nützten. Der Führer sah das vermutlich ebenso. Jedenfalls hatte er, Kohlrausch, den Eindruck gewonnen, daß seine Interventionen an höchster Stelle zugunsten von Disziplin und Anstand das endgültige Ausbleiben verschiedener Exzesse durchaus befördert hatten. Ausgerechnet ihm Missachtung des Anstandes und undiszipliniertes Verhalten vorzuwerfen und ihn damit zu einer Rechtfertigung zu zwingen, war schamlos.

Er hatte sich mit seinem Assistenten Bockelmann beraten, wie jetzt zu verfahren sei. Da er sich beim besten Willen nicht an den Aufenthaltsort seiner Hand in der vorigen Woche erinnern konnte, hatte Bockelmann, nicht anders als vorher schon von Gleispach zu einer moderaten Defensive geraten, die nichts einräumte, aber auch nichts ausschloss.

Also hatte er an den Dekan geschrieben, daß er das ihm zur Last gelegte Verhalten als ungehörig ansehe und es entschieden bedauere, falls er es sich wirklich habe zuschulden kommen lassen – was er allerdings als unwahrscheinlich ansehen müsse, sowohl im Hinblick auf seine Gewohnheiten wie wegen seiner Stimmung, vor, während und nach der Memelfeier. Heil Hitler!

Heinrich schob den Brief beiseite. Wie er an der Paraphe sah, hatte der Dekan den Brief gelesen. Der Rektor ebenfalls. Beide waren anscheinend damit zufrieden gewesen.

Er war es nicht.

Der Minister hatte eine verantwortliche Äußerung Kohlrauschs vor dem Universitätsrat angeregt und das Verhör von Zeugen. Beides zwar nur »eventuell« und

»gegebenenfalls« – aber wann war der Fall gegeben? Er war gegeben, wenn der Herr Professor sich erlauben würde, eine Erklärung zu liefern, die so unbefriedigend war wie die vorliegende.

Hatte Kohlrausch die Hand in der Tasche gehabt oder nicht? Wann und wie lange? Log er, wenn er sagte, er könne sich nicht erinnern? Wer ostentativ handelt, weiß was er tut.

Disziplin war das Gebot der Stunde. Haltung war nichts Äußerliches. Nachlässigkeit – Unzuverlässigkeit – Verantwortungslosigkeit. Ein Dreischritt, dem Heinrich den Kampf angesagt hatte.

Er würde im Rektorat nachfragen lassen, ob die Einvernahme von Zeugen stattgefunden hat.

V. Akt: Die Geschichte gerinnt

1. Szene: Im Dienstzimmer Kaspers sitzt wieder der aus dem Urlaub zurückgekehrte Kasper und mustert entspannt die Papiere auf seinem Schreibtisch.

Sein Stellvertreter war fleißig und umfassend tätig geworden. Auch die Sache Kohlrausch hatte er angepackt. Die Universität war nach der Einvernahme von Zeugen gefragt worden. Die einsilbige Rechtfertigung des Rektors lautete, daß die Vernehmung nicht ausdrücklich angeordnet gewesen und deshalb nach der Entschuldigung Kohlrauschs unterblieben sei.

Kasper lächelte dünn. Natürlich war der faule Krüger mit dieser Auslegung beim Kollegen Heinrich nicht durchgekommen. Heinrich hatte sofort »im Auftrag des Ministers« einen Erlass in das Rektorat gedonnert, daß die Zeugen unbedingt zu vernehmen seien.

Danach hatte Krüger wohl doch eingesehen, daß jetzt Anlass zu Veranlassungen bestand.

Das Ergebnis war am 2. August 1935 kommentarlos an den Minister abgegangen. Fünf Zeugenaussagen lagen dieser Sendung bei und ein Brief.

Die Zeugenaussagen waren in der Woche vom 24. bis 31. Juli 1935 vom Universitätsrat erhoben worden und stammten von jenen Studenten, die, wie ihr Führer angegeben hatte, »von sich aus Mitteilung von diesem Vorfall« gemacht hätten. Ihre Aussagen stimmten bis auf kleinere Abweichungen so vollkommen überein, wie die Aussagen von Polizisten bei einem Dienstvergehen.

Alle, Erich Schimpf (der Stellvertreter des Assistenten Gutjahr), Lothar Ristau (der SS-Untersturmführer), Günter Sinapius, Gerhard Piltz und Wilhelm Utermann hatten die Linke Kohlrauschs in der linken Hosentasche und später auf seinem Rücken wahrgenommen. Einige sahen noch, wie er sie wieder herausnahm, andere hatten schon bemerkt, daß er sie hineinsteckte. Dass dies »ostentativ« geschehen sei, sagte keiner. Allerdings waren sie auch nicht danach gefragt worden.

Auch das wichtige Detail, ob die Hand erst während des Horst-Wessel- Liedes hineinging und dann wieder herauskam oder ob Eintritt und Austritt bereits während des Deutschlandliedes geschehen waren, blieb am Ende ungeklärt.

Der mitgeschickte Brief stammte vom Privatdozenten Dr. Erich Schinnerer, dem Führer der Dozentenschaft und war an den Rektor gerichtet.

Präzise, wenn auch in grammatikalisch und orthographisch bedenklicher Fassung, beschrieb Schinnerer, der »über diese Haltung sehr erstaunt war«, wie Kohlrausch, der ihn erst kürzlich habilitiert hatte, beim Deutschlandlied die Hand in der Tasche hielt, sie aber »unmittelbar nach Beginn des Horst-Wessel-Liedes« wieder herausnahm. Das Ganze wurde von Schinnerer als ein Vorgang der langsamen Bewusstwerdung einer Ungehörigkeit gedeutet, weshalb er schloß:

Wir haben selbstverständlich die Lachsheit(!), die aus dieser Haltung spricht, bemängelt. Andererseits glaube ich nicht, daß in dieser Haltung eine Absicht gelegen gewesen ist.

Diese Deutung des Herrn Schinnerer fand Kasper ebenso plausibel in der Sache wie armselig in der Form.

Anmerkung des Erzählers:
Vermutlich hätte Kasper mit mehr Respekt auf den Brief gesehen, wenn er hätte ahnen können, daß der mittelmäßige Schinnerer 1980 seine Karriere als Professor an der Hochschule für Welthandel in Wien beschließen und erst 1996 in Ehren sterben würde, während ihm, Kasper, nur wenige Jahre später ein ruhmloses Ende in einem der von Goebbels so genannten Terrorangriffe auf Berlin beschieden war.

Heinrich, soviel wurde Kasper klar, hatte sich vergaloppiert. Er hatte die Wahrheit über Kohlrauschs Hand im Interesse des Reiches für erforderlich erklärt, aber die Mühe hatte sich nicht gelohnt. Abgesehen davon erlaubte sich Kasper, zu bezweifeln, daß das Reich an dieser Sache interessiert sei. Da die Veranlassungen des Rektors Krüger den Sachverhalt obendrein nicht geklärt hatten, sollte man den Fall beerdigen, bevor weitere Kräfte vergeudet würden. Kopfschüttelnd notierte er am Rande von Krügers Brief, daß die Angelegenheit seines Erachtens als erledigt angesehen werden könne.

2. Szene: Kohlrausch sitzt, Berlin, Klopstockstraße 50, an seinem Schreibtisch und liest einen Brief.

Es ist ein Brief aus dem Ministerium an Rektor Krüger, verfasst von Ministerialrat Kasper, nachdem des Ministers Rust Hauptreferent, der Rechtshistoriker Professor Eckhardt, nachdrücklich Kaspers Bewertung der Lage zugestimmt hatte.

Kohlrausch hat einen Durchschlag *zur geflissentlichen Kenntnis und Beachtung* erhalten und liest jetzt, daß der Minister erwartet, daß er bei ähnlichen Anlässen sich einer korrekten Haltung befleißige.

Hätte Kohlrausch das Original und nicht den Durchschlag gesehen, hätte er sicher entdeckt, daß der geradezu rebellische Ministeriale Kasper nicht eine *korrekte* Haltung angemahnt hatte, sondern eine *korrektere*. Der hermeneutisch geschulte Rechtshistoriker Eckardt kannte freilich dieses Phänomen, daß der verbalen Steigerung nicht selten eine semantische Milderung entspricht. Mit dickem Stift hatte er deshalb die *korrektere Haltung* in eine *korrekte Haltung* verbessert.

Nur mit dem Durchschlag ausgestattet, sieht Kohlrausch sich relativ barsch, aber offenkundig abschließend angewiesen, sich einer korrekten Haltung zu befleißigen, eine Ermahnung, die ihn mit melancholischer Genugtuung erfüllt.

Von Schinnerers Aktion, der ihm schülertreu und *avant la lettre* den ersten Persilschein von vielen in seinem weiteren Leben ausgestellt hatte, erfuhr er nichts.

Am Nachmittag würde er das Schreiben seinem Assistenten Bockelmann mit dem Bemerken zeigen, daß seine Verfolgung durch die Subalternen hoffentlich jetzt ein Ende habe.

Bockelmann würde sich natürlich pflichtschuldig dieser Hoffnung anschließen, beflissene Missbilligung zeigen und seine breite Bildung durch ein Zitat beweisen, nach welchem die Staatsdiener ihr gutes Untertanengewissen auf den Umstand gründen, daß sie sich als pflichtgemäße Vollstrecker einer harten Notwendigkeit sehen.

3. Kurzer Einschub aus dem Notizbuch des Erzählers:
Kohlrausch konnte seine Linke vergessen. Er befleißigte seine Rechte, indem er Lehrbücher schrieb und Paragraphen kommentierte und so, wie es in einer Laudatio aus den frühen 40er Jahren hieß, zu einem *der führenden Männer der deutschen Rechtswissenschaft* wurde, *der jedes Problem, das er angriff wesentlich gefördert hat.*

Kein Wunder also, daß man ihn nicht fortließ, als (nach 22 Berliner Hochschullehrerjahren) der ohne Begeisterung erwartete Abschied nahte. Am 4. Februar 1941 stand der 67. Geburtstag und damit die Emeritierung des Rastlosen ins Haus. Also schrieb am 13. Januar 1941 der bewährte Kasper, der sich kaum noch an die Sache mit der Hand erinnern konnte, dem Rektor, der jetzt Hoppe hieß, der Professor Kohlrausch bleibe ungeachtet aller universitären und sonstigen Widerstände auf Weisung des Ministers über den 31. März 1941 hinaus im Amt.

Und dabei blieb es.

Drei Jahre später, als der 70. Geburtstag näher rückte, schrieb der amtierende Dekan dem Parteigenossen Rust, der immer noch Reichsminister für Wissenschaft, Erziehung und Volksbildung war, daß Kohlrauschs Kommentar nach und nach aus einer Textausgabe mit Anmerkungen »zu dem wissenschaftlich tiefsten und praktisch wichtigsten Erläuterungsbuch des Strafrechts« des NS-Staates geworden sei.

»Namentlich die jüngste Rechtsentwicklung«, so hieß es, »die Novellen zum Strafgesetzbuch, die Kriegsgesetze und die dazu ergangene Rechtsprechung erfahren in dem Werk Kohlrauschs die sorgfältigste kritische und fördernde Darstellung«. Weshalb er vorschlug, dem Strafrechtler zu seinem 70. Geburtstag im Februar 1944 die Goethe- Medaille zu verleihen.

Das geschah. Rust gratulierte und gibt seiner »besonderen Freude Ausdruck«, daß der Führer »in besonderer Würdigung Ihrer Verdienste auf dem Gebiete der Rechts- und Staatswissenschaft« Ihnen die Goethe- Medaille für Kunst und Wissenschaft verliehen hat.

Kohlrausch sendet glücklich seinen »ergebensten Dank für die Verleihung dieser Auszeichnung, die ich dem Führer und Ihnen schulde. Heil Hitler.«

Das war am 6. April 1944.

Danach unterschrieb Kohlrausch nichts mehr mit »Heil Hitler«.

Die Sache mit der Hand hatte er längst vergessen.

VI. Akt: Kurt Hiller

Kurt Hiller, der von 1885 bis 1972 lebte, hat in der öffentlichen Memorialkultur Spuren hinterlassen. In Berlin gibt es an der U-Bahnstation Kleistpark ein Plätzchen, das seinen Namen trägt. Die anschließende Grünfläche nennt sich Kurt Hiller Park. Tischtennis und Basketball können dort gespielt und in einem kleinen Sandkasten darf gebuddelt werden. In Leipzig bemüht sich eine Kurt Hiller-Gesellschaft, die Erinnerung an ihn wach zu halten. Im Gedächtnis der politischen und wissenschaftlichen Gegenwart dürfte der Publizist und Pazifist jedoch nur für wenige Spezialisten noch eine lebendige Gestalt besitzen.

Hiller hatte wie Kohlrausch Strafrecht studiert, und zwar bei demselben berühmten Franz von Liszt, den sich Kohlrausch zum Lehrer gewählt hatte, und dessen Berliner Nachfolger er geworden war. Vielleicht hat Hiller flüchtig an eine wissenschaftliche Karriere gedacht. Aber das war angesichts der Hypotheken, mit denen er in die Gesellschaft trat – Jude und schwul – kaum zu bewältigen. Hinzukam, daß ihm die Promotion in Berlin verweigert wurde. Von seinem verehrten Lehrer von Liszt mit dem Bemerken, es handele sich im Kern um eine philosophische Arbeit, von Georg Simmel, dem Philosophen, mit der Feststellung, es sei in Wahrheit ein juristischer Text.

Wahr war jedenfalls, daß es ein ungewöhnlicher und kühner, in der wilhelminischen Ära ausgesprochen delikater Text gewesen ist, den Hiller vorlegte. Temperamentvoll und scharf plädierte er für die größtmögliche individuelle Freiheit in den Grenzen der Freiheit aller. Womit er zunächst kaum allein stand. Kant war Mode – im ersten Jahrzehnt des 20. Jahrhunderts.

Aber er exemplifizierte dieses Postulat an Sachverhalten wie: Inzest, Bestialität, Abtreibung, Homosexualität, Duell, Selbstmord, Tötung des Einwilligenden. Das komplette Pandämonium bürgerlicher Sittlichkeit trat auf. Damit war in Berlin keine Dissertation zu machen.

Es war selbst für die nicht sehr preußisch veranlagte Heidelberger Fakultät, wo sich der junge Rechtsphilosoph Gustav Radbruch für Hillers Arbeit stark machte, noch ein zu starker Tobak. Sie akzeptierte lediglich den harmlosesten Teil des ganzen Textes, zur (von Hiller natürlich verneinten) Frage nach der Strafbarkeit des Selbstmörders und seines Gehilfen und schaffte sich ihr Problem mit dieser Dissertation durch die Note »ausreichend« (»rite«) vom Hals. »Ausreichend« in der ersten wissenschaftlichen Arbeit ruiniert auch heute noch jede Hoffnung auf eine akademische Karriere.

Kohlrausch hat diese Arbeit gelesen, rezensiert und vernichtet. Er brauchte nur wenige Zeilen. Konzedierte Belesenheit und Witz, mit denen der Verfasser gegen die Gründe der Vernunft, der sozialen Notwendigkeit und der Sittlichkeit angerannt sei. Ein Beweis für die Unrichtigkeit der Strafgesetze fehle. Wissenschaftlich sei der Text primitiv. Ein persönliches Glaubensbekenntnis. Geistreiche Plauderei.

Damit war Hiller auf Dauer aus den hehren Hallen der juristischen Wissenschaft vertrieben.

Er suchte seine individualistischen, antidemokratischen Ideen in der politischen Publizistik wirksam werden zu lassen. Machte sich für eine platonisch inspirierte, geistige Aristokratie stark, die er »Logokratie« nannte, gründete Bünde, Kreise, Zirkel, arbeitete für die Weltbühne, haßte die Rechten, liebte die Linken, kam aber mit Antiindividualismus und Totalitarismus nicht zurecht, saß auf Dauer zwischen allen Stühlen, lebte, wie er seine Autobiographie zutreffend betitelte: ein »Leben gegen die Zeit«.

Als, wie er es stets nannte, das Gesindel die Macht ergriff, fiel er bald auf und in dessen Hände. Kam geschunden davon und überdauerte in England. Begriff sich niemals als Emigrant, interpretierte seine Flucht als »vorübergehende Abwesenheit« und beobachtete bis zu seiner endgültigen Rückkehr Nachkriegsdeutschland und dessen Akteure mit größter Aufmerksamkeit.

Und wen sah er da in Wiesbaden am Konferenztisch sitzen und über die Purifizierung des Strafrechts von nazistischem Gedankengut nachdenken? Eduard Kohlrausch, den Wissenschaftler, der nichts für geistreiche Plauderei übrig hatte.

Da ergriff ihn ein maßloser Grimm, und er schrieb aus London einen Brief an den Rektor der Berliner Universität, der jetzt Johannes Stroux hieß. Wie seinerzeit der Assistent Gutjahr verließ auch er sich nicht auf das Ethos der Gemeinschaft der Gelehrten, sondern hielt Ausschau nach mächtigeren Kontrolleuren. Das waren jetzt die Chefredakteure des AUFBAU, des SOZIALDEMOKRAT und des TAGESSPIEGEL in Berlin, der Vorstand der SPD und einige Kampfgenossen aus dem Exil.

Sie alle bekamen einen Durchschlag und konnten lesen, daß es doch wohl nicht angehe, die Hitlerhelfer mit dem Wiederaufbau Deutschlands zu befassen. Kohlrausch sei eine besonders geachtete Stütze des satanischen Regimes der Nazis gewesen. Er habe mit Bestien wie Freisler, von der Goltz, Kerrl zärtlichste wissenschaftliche Beziehungen unterhalten, obwohl es für einen Kriminalisten von Anstand nur zweierlei gegeben haben könne: gegen die Gesindelherrschaft protestieren oder sich zurückziehen. Kohlrausch aber habe geholfen, sei es aus vollem Herzen, sei es aus vollen Hosen. In jedem Fall sei er unbrauchbar. Und dann folgt ein Satz, der für Generationen deutscher Untertanen Gültigkeit besitzt:

> »Vielleicht wird er zu seiner Rechtfertigung anführen, daß er half, ›um das Schlimmste zu verhüten‹. Diese

Ausrede hat noch jeder Schmutzfink gebraucht, der, um seine Bequemlichkeiten zu retten und seinem Geltungstrieb zu frönen, Verbrechern in der Macht beistand. Wer, ›um das Schlimmste zu verhüten‹, Schlimme stützt, ist der Allerschlimmste; indem er sich als Feigenblatt für ihre Blöße benutzen läßt, verschafft er ihnen ein Ansehen, das sie sonst nicht hätten.«

VII. Akt: Die Wiederkehr der Hand

Mai 1947. Eduard Kohlrausch sitzt wieder einmal an seinem Schreibtisch. Der steht jetzt in Berlin-Nikolassee. An der Rehwiese 3.

Hillers Brief vom Dezember 1946 war krachend in der Universität, in den Redaktionen der Zeitungen und in der Deutschen Zentralverwaltung für Volksbildung in der Sowjetischen Besatzungszone eingeschlagen. Das annus horribilis des Eduard Kohlrausch beginnt.

Die Lage an der Entnazifizierungsfront hatte sich noch längst nicht beruhigt. Die Situation in der sowjetischen Besatzungszone war in dieser Hinsicht mit der in den anderen Besatzungszonen nicht zu vergleichen. Während der Reinigungseifer dort schnell nachließ, hatte der von der Sowjetischen Militäradministration Deutschland nachdrücklich unterstützte antifaschistische Kampf die Berliner Universität schon Ende 1945 von allen nationalsozialistischen Parteigenossen leergefegt. Jetzt prüfte man noch die Gesinnungen, denn daß Parteigenossenschaft weder notwendig noch hinreichend war, um einen Hitlergehilfen zu identifizieren, hatte sich herumgesprochen. Und Kohlrausch war schon ins Visier geraten.

Zentralverwaltung und Justizverwaltung, beide schon fest in das enge Netz kommunistischer Genossen eingebunden, stimmen sich über einen Untersuchungsausschuß ab. Dieser wird im Februar 1947 eingesetzt, tagt fünf Monate und nötigt den mit jetzt 73 Jahren schon etwas greisenhaften Gelehrten zu einer immensen Rechtfertigungsarbeit.

Mehr als tausend Bögen Papier habe er beschrieben, klagt Kohlrausch, und unter Hinzurechnung von Schreibhilfen mehr als tausend Arbeitsstunden aufwenden müssen, um sich gegen denunziatorische Schmierfinken zur Wehr zu setzen.

In der Tat: mit einer einseitigen knappen Erklärung wie einst gegenüber der Meldefreude von Herbert Gutjahr war es diesmal nicht getan. Kohlrausch muß alles mobilisieren, um aus seiner Nichtzugehörigkeit zur Partei, seiner Standhaftigkeit gegenüber studentischen Exzessen und seinem kriminalpolitischen Missmut über die Entwicklung des Strafrechts zunächst seine Gegnerschaft und schließlich seinen Widerstand gegen Adolf Hitler und sein Regiment abzuleiten.

Das einzige Mittel, das angesichts fehlender eigener Verfolgung oder plausibler antitotalitärer Dokumente in Betracht kommt, sind Leumundszeugnisse Verfolgter sowie mehr oder minder farbige Beschreibungen seiner untadeligen Haltung durch unabhängige Beobachter.

Die Produktion der Persilscheine nimmt schnell Fahrt auf. Ins Ausland geflüchtete Juden werden angeschrieben und bestätigen treu, daß Professor Kohlrausch niemals antisemitisch aufgefallen sei und sich tapfer der braunen Flut entgegengestemmt habe. Ehemalige Studenten berichten vom Mut des Rektors; die Witwen Ermordeter bezeugen den waghalsigen, wenn auch vergeblichen Einsatz für ihre Männer; Publikationen sind nicht wörtlich, sondern mit dem richtigen Blick zu lesen, damit die zwischen den Zeilen verborgene Kritik sichtbar wird; daß Schlimmeres verhütet wurde, erscheint so klar wie der Umstand, daß bei Kohlrauschs Rückzug sofort ein anderer an seine Stelle getreten wäre. Auch der zutreffende, aber sicher nicht entschuldigende Hinweis auf Kollegen, die trotz eines deutlich brauneren Profils sich wieder in Amt und Würden befinden, fehlt nicht. Schließlich melden sich die Schüler, gebeten oder ungebeten, und gutachten für den in Bedrängnis geratenen Lehrer.

Besonders warmherzig und eingehend äußert sich der treue Paul Bockelmann, der sich soeben aus Königsberg als Professor nach Göttingen gerettet hat.

Kohlrausch liest gerührt das freimütige Bekenntnis Bockelmanns, daß fast alles, was er an Idealismus und Berufsethos besitze, von ihm, dem Lehrer, stamme. Alles nur Erdenkliche, was ihm zur Verteidigung dienlich sein könnte, zählt der Schüler in diesem Brief auf – einschließlich des Umstandes, daß er, Kohlrausch, seinerzeit einem schamlosen Angriff der Universitätsverwaltung ausgesetzt gewesen sei, weil er, als »der deutsche Gruß zu erweisen war, die Hand in die Tasche gesteckt hatte«.

Die näheren Umstände waren dem guten Bockelmann entfallen, aber Kohlrausch beginnt sich zu erinnern.

Wie war das gewesen? Gutjahr hatte ihn angezeigt, weil er beim Horst Wessel-Lied demonstrativ die Hand in die Tasche gesteckt hatte, was schließlich bei seiner prinzipiellen Gegnerschaft zum Nationalsozialismus nur natürlich gewesen war. Zweifellos hatte er seine Hand nicht nur in die Tasche gesteckt, sondern sie dort auch zur Faust geballt, was ihm jedoch damals glücklicherweise nicht nachgewiesen werden konnte.

Einen Vorgang von solch symbolischer Bedeutung für seinen Widerstand sollte er nicht unerwähnt lassen. Er würde ihn dem Ausschuß vortragen.

Protokoll

3 rhetorische Tropen: Metapher, Synekdoche, Symbol

63 Jahre später.

Kohlrausch ist seinerzeit nicht mehr dazu gekommen, die wahrhaft rebellische Ballung seiner linken Hand dem Untersuchungsausschuß vorzutragen, denn dieser schloß abrupt, ohne den Professor anzuhören, seine Beratung mit der Entscheidung, daß der Gelehrte von bedingter Tragbarkeit sei – bedingt insofern, als seine Weiterverwendung abhängig gemacht werde von selbstkritischer Distanzierung zur wissenschaftlichen Tätigkeit im NS-Staat.

Bevor man sich auf eine für alle Seiten akzeptable Formel einigen konnte, starb Kohlrausch. 1948, kurz vor seinem 74. Geburtstag.

Jetzt befindet man sich im März des Jahres 2011.

In der Akademie der Wissenschaften herrscht nervöse Spannung.

Man lebt in der Ära der Erinnerungswut. Nichts kann, nichts soll, nichts darf vergessen werden. Die großen Erzählungen der Historiker, die bald von ewigen Kreisläufen, bald von messianischen oder apokalyptischen Endzeiten kündeten, sind verklungen. Heute wird die brave Seele mit Geschichtsprojekten pädagogisch auf Zustimmung dressiert oder durch nachhaltiges Aufreißen von mit Vernarbung bedrohten Wunden am Einschlafen gehindert.

Erinnerungswürdige und erinnerungsfähige Geschichten ausfindig zu machen, ist freilich nicht immer leicht. Der Präsident möchte endlich eine Vorlage mit einer Serie solcher Geschichten zur Auswahl auf seinem Tisch sehen. Er hat eine Kommission eingesetzt. Fünf Akademiemitglieder sollen die Schwierigkeit beheben. Interdisziplinär natürlich. Die Kunsthistorikerin als Vorsitzende, neben ihr Chemiker, Historiker, Philologe, Philosoph. Schlechtgelaunt sitzen die Fünf in einem Beratungszimmer der Akademie: Alle großen Männer sind verbraucht. Die kleinen Männer bis auf einen unscheinbaren Rest ebenfalls. Große Frauen sind selten, ihr Vorrat ist erschöpft. Für kleinere und kleine Frauen fehlt es an einer Dokumentation. Die besonderen Ereignisse stehen bereits alle im Kalender. Zwar gibt es täglich eine Unmenge von Ereignissen. Das Rauschen ist endlos und unerschöpflich. Aber was daraus soll zum erinnerungswürdigen Geschehnis deklariert werden? Schließlich lässt erst eine besonnene Wahl die Geschichte gerinnen.

Im Protokoll ist vermerkt, daß sich aus der Mitte der Kommission als erster der Historiker zu Wort gemeldet hat.

Er verweise zunächst auf das zur Sitzungsvorbereitung verschickte und hoffentlich gelesene Papier, über die von ihm und dem Kollegen Philologen entdeckte und studierte Kohlrauschstory.

Nach Lage der Dinge könne er sich eine Gedenktafel für Kohlrauschs linke Hand vorstellen. Sie habe als solche eine dramatische und lehrreiche Deutungsgeschichte. Ein Beleg für die Transformation des Unanständigen ins Heldische. Außerdem sei Kohlrausch Akademiemitglied gewesen. Zwar nur kurze Zeit, und seine Teilnahme an einer der damals ohnehin spärlichen Sitzungen könne nicht nachgewiesen werden. Aber die einfache Mitgliedschaft als solche müsse genügen.

Der Philosoph gab seine Irritation zu Protokoll.

Eine Hand an und für sich sei kein Gegenstand für eine Gedenktafel.

Der Philologe hielt das Bedenken für unbegründet:

Die Hand sei als Metapher zu verstehen. Metapher für 1. den gewöhnlichen Entschuldigungsdiskurs und für 2. die Möglichkeiten der Erinnerungspolitik. Belege? Vor 21 Jahren, 1989, habe man eine Wende erlebt. Manche hätten sie als Befreiung, manche als Eroberung erfahren. Insofern 1945 nicht ganz unähnlich. Verschiedene Verfahren zur Exkulpation seien wieder durchgeführt worden. Früher Entnazifizierung, später Desozialisierung.

Die Argumente hätten sich fatal geglichen:

»Idealismus irregeführt«, »Schlimmeres verhütet«, »Unser Vertrauen missbraucht«, »wenn nicht ich, dann ein anderer«, »kleines Rädchen«, »Befehl«, »Konsequenzen«, »Machtstruktur«, »Familie ernähren« »die Umstände«, »es gibt Schlimmere, denen es besser geht«, »geballte Faust in der Tasche« und so weiter.

Weitere Exkulpationsdiskurse liefen an mehreren Fronten, lägen in der Luft oder seien bereits angekündigt. Deutscher Waschzwang.

Und Erinnerungspolitik? Da verweise er auf dieselbe Wende und die Geschichten der Wendemeister und der Wendeopfer, die immer noch durch das Land wogten. Hier sei Kohlrauschs Hand nun wirklich ein Beleg wie man aus Niederlagen Siege und aus Siegen Niederlagen stricken könne.

Der Chemiker führte aus:

Er habe nichts gegen eine Tafel zu Ehren einer Hand. Aber persönlich ziehe er einen Gedenkstein der die *Figur des Untertanen* symbolisiere vor. Offensichtlich habe in diesem doch exemplarischen Leben von Kohlrauschs Hand der Untertan eine zentrale Rolle gespielt. Jeder habe im Laufe der Geschichte zu einem bestimmten Zeitpunkt den anderen als Untertanen beschrieben. Alle Elemente dieser Figur seien sichtbar geworden: Bücklinge nach oben, Tritte nach unten, aufgeblasen – bei den Kleinen, auf Zwergenformat geschrumpft – bei den Großen, Anpassung als Widerstand, Denunziation als Bürgerpflicht, Gesinnung nach Wetterlage und so weiter.

Der Philosoph gab seinen Protest zu Protokoll.

Diese Generalisierung sei verfehlt. Wenn jeder in jedem den Untertan erkenne, dann seien am Ende alle Untertanen. Ein Volk von Untertanen. Dafür einen Gedenkstein zu errichten, sei geschmacklos. Außerdem müsse er für seine Person diese Denomination ablehnen. Er jedenfalls sei kein Untertan, vielleicht, das sage er ironisch, alle anderen. Aber er nicht.

Das Protokoll vermerkt: Lachen.

Die Vorsitzende, abschließend:

Eine Hand als Metapher sei ihr nicht unsympathisch. Man könne auch an den bekannten Rhetoriktropos Synekdoche denken. Der Teil für das Ganze. Statt »Schiff« sage man »Segel«, für »Mensch« nehme man »Hand«. Sie sei nicht für eine Tafel, sondern für eine stattliche Plastik mit stilisierter Hand und der Inschrift: *Kohlrauschs Linke.* Ein solches Kunstwerk sei deutungsoffen. Wer wolle, könne es als Synekdoche des Mitglieds Kohlrausch, als Metapher für Exkulpationsdiskurse und Erinnerungspolitik, als Symbol des Untertanen interpretieren. Man könne für die eine oder die andere oder für alle Lesarten zusammen votieren.

Historiker, Philologe und Chemiker stimmen zu. Der Philosoph macht seine Zustimmung davon abhängig, daß die Plastik nicht in der Akademie, sondern in der Universität aufgestellt wird.

Die Vorsitzende wird beim Präsidenten die Aufstellung einer Plastik anregen und ihn um die Entscheidung über den Aufstellungsort bitten.

Epilog

Eine Parabel, so lautete die Ankündigung, ist eine lehrhafte Erzählung, die eine allgemeine sittliche Wahrheit an einem Beispiel veranschaulicht. Wo in unserem Fall die sittlichen Wahrheiten liegen, ist durch das Protokoll deutlich geworden. Bleibt die Frage, ob die Erzählung selbst eine wahre oder eine fiktive Geschichte ist.

Da es sich bei den berichteten Fakten um historiographische Tatsachen handelt, die durch zahllose Akten, durch dicke Bücher über diese Akten, durch Augenzeugenberichte und Interviews, Fotographien und andere Dokumente vollständig beglaubigt sind, ist davon auszugehen, daß nur die absolut reine Wahrheit geschildert wurde.

Bibliografische Information der Deutschen Nationalbibliothek
Die Deutsche Nationalbibliothek verzeichnet diese Publikation in der Deutschen Nationalbibliografie; detaillierte bibliografische Daten sind im Internet über http://dnb.d-nb.de abrufbar.

ISBN 978-3-8471-0098-0

Veröffentlichungen des Universitätsverlags Osnabrück erscheinen im Verlag V&R unipress GmbH.

Druck und Bindung: Memminger MedienCentrum, Memmingen
Printed in Germany.

Gedruckt auf alterungsbeständigem Papier